Helmut Fladenhofer / Karlheinz Wirnsberger

Nadelbäume

Foto-Fibel

Österreichischer Jagd- und Fischerei-Verlag

Verlagsassistenz und Sekretariat: Angela Pleyel

Lektorat, Layout, Leitung Produktion: Michael Sternath
OleGoofs givinoweh ?? – Nonoweh !!

Fotos: Helmut Fladenhofer & Karlheinz Wirnsberger

Repro: Reprozwölf, Wien

Gesamtherstellung: Druckerei Berger, Horn

ISBN 978-3-85208-152-6

Vorwort

Längst ist es nicht mehr selbstverständlich: Dass man die heimischen Bäume und Sträucher, die man in der Natur sieht, erkennt und mit ihrem Namen benennen kann. Es sollte aber selbstverständlich sein. Und es ist auch alles andere als eine Hexerei – gerade bei den Nadelbäumen. Denn es sind gerade einmal zehn Baumarten, die man in unseren Breiten findet ...

In dieser Fotofibel werden alle heimischen Nadelbäume und -sträucher in Text und Bild vorgestellt – von der Eibe über die Fichte und die Lärche bis hin zur Latsche und zur Zirbe. Nicht nur die Bäume selbst werden gezeigt, sondern auch deren Nadeln, Blüten und Zapfen im Detail. Ein Streifzug durch die Verwendung der verschiedenen Hölzer und welche Teile der Bäume dem Menschen als Heilmittel dienten rundet das Buch ab. Steckbriefe fassen Grundwissen und Kenndaten zu den einzelnen Bäumen übersichtlich zusammen und machen das Vergleichen leicht.

Verfasst wurde die Fibel „Nadelbäume“ vom steirischen „Hahnenförster“ Helmut Fladenhofer – seine waldbaulichen Verdienste rund um den Auerhahn sind Legende – und vom Leiter des Jagdmuseums in Stainz, Mag. Karlheinz Wirnsberger. Es könnte nicht stimmiger sein: ein Waldbuch, das aus der Steiermark kommt, aus dem „Grünen Herzen Österreichs“ ...

Österreichischer Jagd- und Fischerei-Verlag

Ein paar Begriffe

Pfahlwurzel: Wurzel, die mehr oder weniger senkrecht und tief nach unten geht.
Senkwurzeln: parallel zur Hauptwurzel wachsende Hilfswurzeln.
Herzwurzel: herzförmige Wurzel, die aber auch in die Tiefe geht und damit ein stabiles Wurzelwerk bildet.
Flachwurzel: Wurzel reicht teilweise nur bis 20 Zentimeter tief; der Durchmesser ist meist dem der Krone ähnlich.

Frühholz: früh im Jahr gewachsen.
Spätholz: spät im Jahr gewachsen.

Atrogewicht (Darrdichte) = Gewicht in absolut trockenem Zustand.

FMO: Festmeter für die Weiterverarbeitung (Festmeter wird mit Rinde geliefert und ohne Rinde weiterverrechnet).

Vollholzigkeit: mehr oder weniger zylindrische Stammform – das Ideal.
Abholzigkeit: Stamm verjüngt sich nach oben.

Inhalt

Arve oder **Zirbe**

Wissenswertes

In den Zentralalpen ist die Zirbe – auch „Arve“ genannt – oftmals eine Schlusswaldbaumart. In Österreich ist ein Prozent der Waldfläche von Zirben bestockt. Der Streuabbau dieses Baumes geht sehr langsam vor sich und wirkt auch bodenversauernd.

Die Zirbe ist ein ausgezeichnetes Beispiel dafür, wie Wildtiere und Pflanzenwelt in enger Symbiose stehen. Die Zirbe bietet nämlich dem Tannenhäher mit ihren ölhaltigen „Nüssen“ eine hervorragende Nahrungsquelle, die der Häher auch bestens nützt. Der Tannenhäher wird auch als „fliegender Förster der Hochlagen“ bezeichnet, denn viele seiner im Herbst versteckten Zirbelnüsse findet er unter dem Schnee nicht mehr und trägt so zu einer Naturverjüngung bei.

Das Holz der Zirbe ist ausgesprochen harzreich, wodurch Verwundungen des Baumes – etwa durch Hagelschlag – sehr rasch verschlossen werden.

Zirbenholz ist sehr weich und wird gerne für Schnitzereien verwendet. Aufgrund seiner besonderen ätherischen Öle wird es auch gerne als Möbelholz eingesetzt. Auch für Wandvertäfelungen findet es oft Verwendung. Mit seinem charakteristischen Aussehen mit den festen Ästen, die beim Hobeln auch nicht ausreißen, gibt es einem Wohnraum einen besonderen Charakter, der Kontrast zwischen Frühholz und Spätholz ist gering.

Im Kleiderschrank verwendet man frisches Zirbenholz als Schutz vor Motten.

Neuere Untersuchungen kommen zu dem Ergebnis, dass Zirbenholz beim Menschen äußerst positive Auswirkungen auf das Schlafbefinden und den Kreislauf hat.

Steckbrief

Andere Bezeichnung: Zirbelkiefer

Wissenschaftlicher Name: *Pinus cembra L.*

Familie: Kieferngewächse *(Pinaceae)*, immergrün

Gattung: Die Gattung *Pinus* umfasst rund 70 Arten von Kiefern, die auf der Nordhalbkugel vorkommen.

Wuchshöhe: Bis 25 Meter, sehr langsam wachsend.

Stamm: Durchmesser bis 1,60 Meter; Rinde der Jungbäume glänzend grau, im Alter rau und schuppig sowie rötliche Färbung der Borke mit für Kiefern typischen Längsrissen.

Frosthärte: Bis bis 40 Grad Celsius.

Geschlecht: Einhäusig-getrenntgeschlechtlich (monözisch) – sowohl männliche als auch weibliche Blüten befinden sich auf demselben Baum. Mit rund 40 Jahren ist die Zirbe im freien Gelände geschlechtsreif, in geschlossenen Beständen ab rund 70.

Blüte und Frucht: Die weiblichen Blütenzapfen sind kurz gestielt und an der Spitze von Langtrieben zu finden. Die gelblichen männlichen Blütenzapfen bilden sich an der Basis von Langtrieben.

Blütezeit: Mai bis Juli.

Samenreife: September bis Oktober des Folgejahres; Zapfen eiförmig, 5 bis 8 Zentimeter lang, bis zur Reife aufrecht stehend, bläulich-grün bis violett gefärbt. Ein Zapfen hat rund 90 Samenkerne, die sogenannten Zirbelnüsse. Diese sind ungeflügelt, stumpf dreikantig und 9 bis 15 Millimeter lang. Reife Zapfen brechen erst im Frühjahr des 3. Jahres in einem Stück vom Zweig ab.

Wurzelsystem: Zirben sind Pfahlwurzler, im hohen Alter kommt es zur Senkwurzel, die sich – herzförmig – tief in den Gesteinsspalten verbreiten kann und dadurch hohe Standfestigkeit erzielt.

Blätter/Nadeln: Die Nadeln der Zirbe sind dunkelgrün, 5 bis 11 Zentimeter lang, rund 1 Millimeter breit und im Querschnitt dreieckig. An der Unterseite finden sich mehrere bläulich-weiße Wachsstreifen, in Bündeln zu fünf Stück aus den Kurztrieben wachsend, sehr weich und biegsam. Die Nadeln werden nach rund 10 bis 12 Jahren ausgewechselt.

Standort: Die Zirbe ist ein Hochgebirgsgehölz und kommt in den Alpen und in den Karpaten in einer Höhe von 1.500 bis 2.400 Metern Seehöhe vor. In Österreich gibt es Zirbenbestände auf der Seetaler Alpe, dem Triebener Tauern, im Gesäuse, in den Hohen Tauern, in den Nockbergen und im inneren Salzkammergut. Die Zirbe ist eine wichtige Schutzwaldbaumart.

Alter: Zirben können bis zu 1.000 Jahre alt werden.

Atrogewicht: Die Darrdichte beträgt 400 Kilogramm/Kubikmeter.

Name: Der Name „Zirbe" leitet sich aus dem mittelhochdeutschen *zirben* her, was „sich im Kreis drehen" bzw. „wirbeln" bedeutet.

Stamm einer noch recht „jungen" Zirbe.

Bei ganz jungen Zirben ist die Rinde allerdings noch glänzend grau und glatt. Mit zunehmendem Alter wird sie rauer und schuppiger.

Stamm einer rund 200 Jahre alten Zirbe.

Im Alter wird die Rinde der Zirbe dann richtig rau und schuppig, die Borke wird rötlich, und es zeigen sich die für Kiefern typischen Längsrisse.

Zirbennadeln – Büscheln zu je 5 Stück.

Die Nadeln der Zirbe sind dunkelgrün und zu je 5 Stück an den Kurztrieben sichtbar. Sie sind weich und biegsam.

Männliche Blüten.

Die gelblichen männlichen Blütenzapfen bilden sich an der Basis von Langtrieben.

Zirbenzapfen.

Zirbenzapfen sind stumpf, eiförmig 5 bis 8 Zentimeter lang und bläulich-grün bis violett gefärbt.

„Zirbelnüsse".

Ein Zapfen enthält rund 90 Samenkerne, die sogenannten Zirbelnüsse. Sie dienen dem Tannenhäher als Nahrung.

Tannenhäher.
Er wird auch als „fliegender Förster der Hochlagen“ bezeichnet und spielt bei der Verjüngung der Zirbe eine bedeutsame Rolle.

Ausgebeindelt.
So sieht ein vom Tannenhäher bearbeiteter Zirbenzapfen aus.

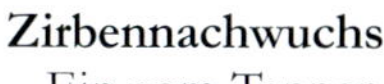

Zirbennachwuchs.
Ein vom Tannenhäher vergessener Zirbenkern hat den Schutz des Steines genützt und versucht nun hier auf 2.200 Meter in den Niederen Tauern in die „Höhe“ zu kommen.

Junge Zirbe.

Bei Jungbäumen ist die Krone in der Regel ebenmäßig ausgebildet, die Äste stehen dicht.

Alte Zirbe.

Schnee und Windbruch haben hier beim älteren Baum schon Spuren hinterlassen. Zirben können bis zu 1.000 Jahre alt werden.

Douglasie

Wissenswertes

Die Douglasie ist der wichtigste Waldbaum des westlichen Nordamerika. Sie wird international als „Oregon Pine“ bezeichnet. Dieser schattenfeste, schnellwüchsige, immergrüne Nadelbaum war vor der letzten Eiszeit auch noch in Europa heimisch, konnte sich aber nur in Nordamerika halten und wurde erst zu Beginn des 19. Jahrhunderts wieder bei uns eingeführt.

Die Douglasie erreicht eine Wuchshöhe von ungefähr 40 bis 50 Meter und bildet eine vergleichsweise schlanke, spitzkegelförmige, fichtenähnliche Krone.

Die Pflanze braucht tiefgründige, leichte bis mittelschwere Böden. Sie hat ein herzförmiges Wurzelsystem. Douglasien sind äußerst resistent gegenüber langen sommerlichen Trockenperioden und werden daher voraussichtlich in Zukunft aufgrund der zu erwartenden Klimaveränderung in unseren Breiten verstärkt kultiviert werden.

Das Holz hat einen rotbraunen Kern und einen schmalen hellen Splint.

Das Holz der Douglasie wird gerne im Außenbereich eingesetzt, da dem Holz hohe Witterungsbeständigkeit sowie dauerhafte Haltbarkeit unter Wasser zugeschrieben wird.

Steckbrief

Andere Bezeichnungen: Douglastanne,
Douglasfichte

Wissenschaftlicher Name: *Pseudotsuga douglasii, Pseudotsuga menziesii*

Familie: Kieferngewächse *(Pinaceae)*

Gattung: Douglasien *(Pseudotsuga)*

Wuchshöhe: Rund 40 bis 50 Meter; Wuchsform mit spitzkegelförmiger, fichtenähnlicher Krone. In ihrer nordamerikanischen Heimat fand man mehrere hundert Jahre alte Bäume der Gewöhnlichen Douglasie mit Wuchshöhen von 70 Metern, ja sogar bis zu 90 Metern. Mit derartigen Wuchshöhen gehören sie zu den höchsten Bäumen der Welt.

Stamm: Die junge Rinde weist zahlreiche Harzbeulen auf. Im Alter hat die Douglasie eine graubraune, innen ockergelbe, dicke, längsgefurchte und korkige Schuppenborke.

Geschlecht: Einhäusig-getrenntgeschlechtlich (monözisch).

Blüte und Frucht: Die männlichen Blütenstände sind gelb, zahlreiche Zäpfchen. Weibliche Blütenstände findet man als grünliche Zäpfchen. Früchte (Zapfen) treten alle 3 bis 4 Jahre auf.

Zapfen: Die Zapfen sind nickend oder hängend. Auffällig sind die drei spitzen Deckschuppen. Sie überragen die Fruchtschuppen und fallen als Ganzes vom Baum ab.

Blütezeit: April/Mai.

Samenreife: Der Samen reift im Herbst, Ende September. Er fliegt Oktober/November aus und bleibt rund 3 bis 4 Jahre keimfähig.

Wurzelsystem: Die Douglasie ist eine tiefwurzelnde Halbschattenbaumart.

Blätter/Nadeln: 2 bis 3,5 Zentimeter lang, flach, stumpf, gerade oder leicht gebogen; Nadelrand ist ganzrandig, dicht stehend und spiralig angeordnet. Oberseite mittel bis dunkelgrün, die Unterseite trägt 2 silbergraue Streifen. Beim Zerreiben der Nadeln wird orangenähnlicher Duft freigesetzt.

Standort: Vor der letzten Eiszeit auch in Europa heimisch, war dieser Baum danach nur mehr im küstennahen Bereich des westlichen Nordamerikas beheimatet.

Alter: Die Gewöhnliche Douglasie kann bis etwa 400 Jahre alt werden; die forstliche Umtriebszeit beträgt ungefähr 60 bis 100 Jahre.

Atrogewicht: Die Darrdichte beträgt 470 Kilogramm/Kubikmeter – mittelschweres Holz.

Name: Der Name der Douglasie geht zurück auf den schottischen Gärtner David Douglas, der im Jahr 1827 diesen Baum wieder nach Europa brachte.

Förster Fladi und dicke Douglasie.

Douglasien erreichen in unseren Breiten Stammdurchmesser von ungefähr zwei Metern.

Rindenstruktur.

Die Douglasie hat eine graubraune, innen ockergelbe, dicke, längsgefurchte und korkige Schuppenborke.

Douglasienzweig.

Die Nadeln sind flach, stumpf, gerade oder leicht gebogen. Sie haben an der Unterseite zwei silbergraue Streifen.

Knospen.

An den Triebspitzen bilden sich kastanienbraune, spindelförmige Knospen.

Zapfen einer Douglasie.

Die Zapfen sind nickend oder hängend. Auffällig sind die drei spitzigen Deckschuppen.

Reifer Zapfen.

Die 4 bis 10 Zentimeter langen Zapfen fallen zur Reifezeit als Ganzes ab. Die Deckschuppen ragen weit über die Samenschuppen hinaus.

Douglasienholz.

Das Holz der Douglasie hat einen rotbraunen Kern und einen hellen Splint.

Eibe

Wissenswertes

Die Eibe wächst meist in Strauchform, mit kegelförmiger oder auch eiförmiger Krone und kurzem, knorrigem, in mehrere Schäfte aufgelöstem Stamm. Ihre Form hat etwas Düsteres an sich. Dazu passt gut, dass sie auch als „Baum des Todes" bezeichnet wird. Tatsächlich sind alle Teile der Eibe, bis auf den roten Samenmantel, giftig – auch das Holz. Besonders bei Pferden, die von Eiben fraßen, führte dies oft zu tödlichen Vergiftungen. Bei manch anderen Wildtieren hingegen – wie etwa dem Baummarder – sind Triebe und Früchte sehr beliebt.

Die Eibe erträgt von allen Baumarten den meisten Schatten und erreicht ihr bestes Wachstum im Schutz von höheren Beständen. Sie bevorzugt frischen und kalkhaltigen Boden und besitzt ein großes Ausschlagvolumen, was bei Nadelbäumen eine große Seltenheit darstellt.

Ihr Holz hat einen schmalen gelblichweißen Splint und einen rotbraunen Kern, ist schwer, elastisch, zäh, biegsam und sehr dauerhaft. Früher wurden daraus Bögen, Armbrüste, Haushaltsgeräte, Schutzamulette, Zauberstäbe, Kämme, Särge und „Englische Möbel" erzeugt. Heute wird das Holz kaum noch verwendet, weil die Bäume sehr selten vorkommen. Meist wird die Eibe als Zierbaum oder Heckenpflanze gesetzt.

Volksmedizinisch wurde die Eibe als Abwehrmittel gegen bösen Zauber, im 17. und 18. Jahrhundert sogar als Gegenmittel bei Schlangenbissen und Tollwut eingesetzt. Heute wird das giftige Taxin, das in Holz, Rinde, Nadeln und Samen enthalten ist, in der Krebstherapie verwendet.

Aufgrund ihrer hohen Toxizität darf die Eibe für keinerlei Selbstmedikation verwendet werden – Lebensgefahr!

Steckbrief

Weitere Bezeichnung: „Baum des Todes“ (Holz, Rinde, Nadeln und Samenkern giftig)

Wissenschaftlicher Name: *Taxus baccata L.*

Familie: Eibengewächse *(Taxaceae)*

Gattung: Eiben

Wuchshöhe: Bis 20 Meter – kleiner bis mittelgroßer Baum.

Stamm: Oft gegabelt, mit dichter, kegelförmiger Krone. Durchmesser 40 bis 50 Zentimeter; Rinde rotbraun, später graubraune, sich in Platten ablösende Borke.

Geschlecht: Zweihäusig; es gibt männliche und weibliche Bäume. Eiben sind ab dem 20. Jahr mannbar.

Blüte und Frucht: Rote, fleischige, becherartige Scheinbeeren; hartschalige, braune, eiförmige, zugespitzte Samennüsschen. Fruchtfleisch ist essbar, der Same ist giftig.

Blütezeit: März bis Mai.

Samenreife: August bis Oktober; Eiben keimen bei Herbstsaat nach 1 bis 3 Jahren und bei Frühjahrssaat nach 3 bis 4 Jahren.

Wurzelsystem: Weitläufig, tiefreichend und dicht.

Blätter/Nadeln: Immergrün; weiche Nadeln, oberseits dunkelgrün, unterseits blassgrün.

Standort: Die Eibe bevorzugt frische, kalkhaltige Böden von der Ebene bis ins Gebirge. Sie ist eine ausgesprochene Schattbaumart.

Alter: Bis 2.000 Jahre.

Atrogewicht: Die Darrdichte von Eibenholz beträgt 640 bis 800 Kilogramm/Kubikmeter – schweres Holz.

Eibenstamm.

Eiben werden bis höchstens an die 20 Meter hoch. Die Rinde ist zunächst rotbraun, später dann graubraun.

Rinde einer alten Eibe.
Die graubraune Borke löst sich in Platten ab.

Eibennadeln.

Eiben haben weiche, flache, spitze Nadeln. Diese sind an der Oberseite glänzend grün und unterseits mattgrün.

„Früchte" der Eibe.

Die Eibe trägt rote, fleischige, becherartige Scheinbeeren. Das Fruchtfleisch ist essbar, der Same ist giftig.

Eibenhecke.

Aus Eiben lassen sich schöne und besonders blickdichte immergrüne Hecken pflanzen, da sie einen sehr dichten Wuchs aufweisen.

Eibenholz.

Die Eibe hat ein sehr schweres Holz. Typisch ist der dunkelbraune Kern. Eibenholz wird gerne für Geweihschilder verwendet.

Beiname „Todesbaum".

Ob die Eibe deshalb gerne auf Friedhöfen und bei Marterln gepflanzt wird?

Fichte

Wissenswertes

Die Fichte ist die Hauptbaumart der hiesigen Wälder. Aufgrund ihrer wirtschaftlichen Bedeutung hat der Mensch ihr Verbreitungsgebiet massiv ausgeweitet.

Wegen ihres flachen Wurzelsystems ist die Fichte vor allem im Reinbestand sehr windwurfanfällig. Auch gegenüber hohen Schneeauflagen ist sie wenig widerstandsfähig – Schneebruch! Kommt es durch Windwurf oder Schneebruch zu Kalamitäten, ist ein erhöhtes Auftreten von Borkenkäfern vorprogrammiert.

Gerne werden Terminal- und Seitentriebe der Fichte von Reh-, Rot-, und Gamswild genommen. Auch das Weidevieh hat sie auf dem Speiseplan (Waldweide). Rotwild schätzt vor allem die Rinde als Delikatesse. Geschälte Bäume werden rotfaul und sterben früher oder später ab. Meist entstehen derartige Schälschäden, weil zu wenig alternatives Äsungsangebot vorhanden ist und sich das Wild in die schützenden und störungsarmen Fichtenstangenhölzer zurückzieht.

Das kernlose, sehr helle, leichte, weiche und tragfeste Holz wird gern in der Möbeltischlerei, Zimmerei, Papiererzeugung und als Brennholz verwendet. Aus astreinen Stämmen werden Furniere erzeugt. Feinringige, astreine oft jahrhundertealte Stämme werden auch als Klangholz bei Musikinstrumenten verwendet.

Aus Maitrieben der Fichte („Maiwipferl“) werden Tees und Auszüge (hoher Vitamin-C-Gehalt!) zubereitet, welche unter anderem bei Asthma, Bronchitis, Durchblutungsstörungen, Entzündungen und Keuchhusten eingenommen werden. Gegen Fußschweiß helfen wöchentliche Fußbäder aus Fichtennadel-Absud. Das sogenannte „Burgunder-Pech“ aus Fichtenharz ist ein anerkanntes Arzneimittel.

Steckbrief

Andere Bezeichnung: „Rottanne"

Wissenschaftlicher Name: *Picea abies*

Familie: Kieferngewächse *(Pinaceae)*

Gattung: Fichten. – Die einzige in Mitteleuropa heimische Art der Fichten ist die Gemeine Fichte *(picea abies).*
Wegen ihrer schuppigen rotbraunen Rinde wird sie fälschlicherweise auch als „Rottannne" bezeichnet.

Wuchshöhe: 40 bis 60 Meter.

Stamm: Der Stammdurchmesser von Fichten beträgt bis zu 100 Zentimeter, maximal jedoch 250 Zentimeter. Der etagenartige Kronenaufbau und die spitzwipfelige Krone sind charakteristisch.

Geschlecht: Fichten sind einhäusig-getrenntgeschlechtlich (monözisch), das heißt: Es befinden sich sowohl männliche als auch weibliche Blüten getrennt voneinander auf demselben Baum.

Blüte und Frucht: Die weiblichen Blütenzapfen sind zunächst aufrecht, krümmen sich allerdings nach der Befruchtung nach unten. Die männlichen Blüten stehen einzeln; sie sind länglich eiförmig und 1 bis 2 Zentimeter lang.

Blütezeit: April bis Juni.

Samenreife: Die Zapfen reifen zwischen August und Dezember und sind meist braun und zylindrisch.
Der Samen fällt zwischen August und Winter aus, teilweise auch erst im nächsten Frühjahr, und wird vom Wind verbreitet. Die Zapfen werden danach als Ganzes abgeworfen (Unterschied zur Tanne!).

Wurzelsystem: Die Fichte ist ein Flachwurzler, der gerne vom Wind geworfen wird.

Blätter/Nadeln: Immergrüne, nadelförmige Blätter. Vierkantig, stachelspitzig, glänzend grün, steif, oft säbelförmig gekrümmt, vom Zweig seitlich und aufwärts – nur selten abwärts – abstehend; rund 7 Jahre verbleibend.

Standort: Die Fichte ist eine anspruchslose Baumart – optimale Bedingungen findet sie bei feuchter Luft und frischem Boden. In den Zentralalpen kommt die Fichte bis in 2.000 Meter Seehöhe hinauf vor.

Alter: Das Höchstalter beträgt rund 600 Jahre.

Atrogewicht: 1 Festmeter Holz FMO wiegt 475 Kilogramm.

Stamm einer älteren Fichte.

Die Rinde wird im Alter borkig mit rundlichen grau-braunen Schuppen.

Fichtenzweige.

Die Nadeln sind vierkantig, stachelspitzig und glänzend grün.

„Maiwipferl".

Maitriebe der Fichte haben einen hohen Vitamin-C-Gehalt. Aus ihnen werden Tees und Extrakte zubereitet.

Fichtenzapfen.

Reife Zapfen sind im Normalfall braun, zylindrisch und hängend. Der Samen fällt zwischen August und Winter aus, teils auch erst im Frühjahr.

„Brotbaum Fichte".

Die hohe Wertschöpfung bei dieser Baumart hat leider zu weitverbreiteten Fichten-Monokulturen geführt.

Lebenselixier Fichtensamen.

Viele Wildtiere laben sich an den Zapfen und den darin verborgenen Samen und an ihren Nadeln, angefangen vom Eichhörnchen … über das Reh …

… über das Weidevieh, das die Triebe verbeißt. Auch dem Borkenkäfer, der dem Baum schließlich endgültig den Garaus macht, dient die Fichte als Lebensgrundlage.

Links Tanne, rechts Fichte.

Allein an der Kronenform erkennt man den Unterschied: Die Fichte ist ein großer Baum mit spitzer Krone. Ihre Zapfen hängen. Tannenzapfen stehen.

(Weiß-)Kiefer

Wissenswertes

Die Kiefer ist ein Pfahlwurzler mit weitverzweigtem Seitenwurzelsystem und ist somit sehr widerstandsfähig gegen Wind. Wegen ihrer Anspruchslosigkeit wird die Kiefer weitläufig forstlich kultiviert und natürlich verjüngt. Sie gehört zu den wenigen Nadelbäumen, die ausgesprochene Pioniereigenschaften haben. Sie zählen zu den ersten Baumarten, die Freiflächen besiedeln; sie brauchen allerdings viel Licht.

Die Kiefer hat einen hohen Harzgehalt und wurde in weiten Teilen Europas für die Harzgewinnung herangezogen. Manche Kiefernwälder brachten aus dem Harz mehr Erlös als aus der Holznutzung. Bevor es elektrisches Licht gab, bediente man sich neben dem Kerzenlicht auch des Kienspanes. Das war nichts Anderes als ein harzreicher Kiefernspan.

Das Holz der Kiefer hat einen breiten rötlich- oder gelblichweißen Splint, dann einen kräftig rotbraunen Kern. Die Kiefer hat einen bedeutenden Wert als Nutzholz, etwa für den Möbel-, Sarg- oder Grubenbau sowie für Verkleidungen, für die Zellulosegewinnung und als Bauholz.

Kiefernwälder sind wenig wildschadensanfällig. Hin und wieder werden sie zwar wohl vom Rothirsch oder Rehbock verfegt, als Nahrungspflanze ist die Kiefer beim Schalenwild wegen ihres hohen Harzgehaltes weniger beliebt. Umso mehr wird sie vom Auerwild, vor allem im Herbst und Winter, gerne als Äsungsbaum und im Frühjahr als Balzbaum angenommen.

Aus den Zweigen wird das Kiefernnadelöl erzeugt, welches antiseptisch wirkt und blutreinigende, schleimlösende, desinfizierende, herzstärkende Eigenschaften besitzt. Kiefernöl verbreitet auch einen wohltuenden Waldesduft in jeder Wohnung.

Steckbrief

Andere Bezeichnungen: Gemeine Kiefer,
Waldkiefer,
Kienföhre,
Föhre,
Rotföhre,
Forle,
Forch.

Wissenschaftlicher Name: *Pinus sylvestris*

Familie: Kieferngewächse *(Pinaceae)*

Gattung: Kiefern

Wuchshöhe: Bis 48 Meter.

Stamm: Der Stammdurchmesser der Kiefer beträgt bis zu 100 Zentimeter.
Die Rinde ist im Alter im unteren Stammbereich sehr grob-borkig. Im oberen Bereich ist sie hell-rötlich und blättert leicht ab, es lösen sich papierdünne Streifen.
Die Weißkiefer hat einen vollholzigen Stamm.
Im Alter hat sie eine typische schirmförmige Krone.

Geschlecht: Einhäusig – männliche und weibliche Blüten am selben Baum.
Mannbar im Freistand mit 15 bis 20 Jahren, im Bestandesschluss erst mit 30 bis 40 Jahren.

Blüte und Frucht: Die weiblichen Blüten sind gestielte rötliche Zäpfchen, die meist paarweise an der Spitze der diesjährigen Triebe unter der Endknospe stehen – im Herbst neigen sie sich; die männlichen Blüten sind kleine gelbe, eiförmige Kätzchen, die am Grunde diesjähriger Langtriebe gehäuft sitzen.

Blütezeit: Mai bis Juni.

Samenreife: Samen brauchen zwei Jahre bis zur Reife im Oktober, sie fliegen im März des dritten Jahres aus. Die Zapfen hängen an einem gekrümmten Stiel. Sie sind eikegelförmig mit vorgezogener Spitze. Unreif sind sie grün, reif graubraun. Die Samen sind schwärzlich oder gelblich (also ungleichfarbig – im Gegensatz zur Fichte) und vom Flügel zangenartig umfasst.

Wurzelsystem: Die Kiefer hat eine tiefgehende Pfahlwurzel, die bis 6 Meter Tiefe reicht.

Blätter/Nadcln: Die Nadeln sitzen zu zweit im Kurztrieb, sind 40 bis 80 Millimeter lang, gedreht, spitz mit halbrundem Querschnitt. Die flache Seite ist graugrün, die gewölbte dunkelgrün. Sie wachsen rings um den Zweig herum. Die Nadeln verbleiben rund 3 bis 6 Jahre am Baum.

Standort: Pionierbaumart, wenig anspruchsvoll, sehr anpassungsfähig. Optimal sind tiefgründige, lockere, frische Böden. Sie ist unempfindlich gegen Frost und Hitze. Dic Kiefer ist eine Lichtbaumart.

Alter: Das Höchstalter beträgt rund 600 Jahre.

Atrogewicht: 1 Festmeter Holz FMO wiegt 570 Kilogramm.

„Rotföhre" – eine andere Bezeichnung für die Kiefer.

Die Bezeichnung „Rotföhre" rührt daher, dass die Kiefer im oberen Bereich hell rötlich ist. Sie blättert dort leicht ab.

Kiefernborke.

Im unteren Stammbereich ist die Rinde im Alter sehr grobborkig.

Kiefernnadeln und Zapfen.

Die Nadeln stehen zu zweit im Kurztrieb, darunter der Zapfen.

Kiefernholz.

Weich, gelblich und leicht wird es oft für Bau- und Möbelholz verwendet.

Kienspan.

Kienspäne von der harzreichen Kiefer dienten früher als Lichtquelle.

Spechtringe.

Als speziellen Leckerbissen wählt der Specht das flüssige Baumharz der Kiefer – gerade im Frühjahr, wenn der Saftfluss der Bäume am stärksten ist. Das Harz lockt natürlich auch Insekten an, die daran kleben bleiben und gleich mitverspeist werden. Im Sommer verlieren die Spechte das Interesse an ihren Ringen. Am Stamm bilden sich jedoch dicke ringförmige Wülste.

Sängerknabe im Morgengrauen.

Vom faszinierenden Auerhahn werden Kiefern im Frühjahr gern als Balzbaum angenommen. Im Winter liefern sie ihm Nahrung.

Ringeltauben auf einem Kiefernast.

Auch für Ringeltauben sind Kiefern attraktiv. Sie bieten ihnen Nahrung und dienen als Aussichtswarte.

(Europäische) Lärche

Wissenswertes

Die Lärche ist ein typischer Hochgebirgsbaum, wobei ihr das jährliche Abwerfen der Nadeln entgegenkommt: Es verhilft ihr zu einer besonderen Frosthärte, und noch dazu bleibt weniger Schnee auf dem Baum haften, womit sich das Gewicht der Schneelast stark verringert.

Das Lärchenholz hat einen schmalen gelblichen Splint und einen rötlich-braunen Kern. Es ist harzreich, dauerhaft, zäh, wasser- und wetterfest, und es ist widerstandsfähig gegenüber Chemikalien. Das Kernholz der Lärche übertrifft an Haltbarkeit alle anderen heimischen Nadelhölzer. Durch stärkeres Schwinden beim Trocknungsprozess (das Holz „arbeitet") ist Lärchenholz in der Möbelerzeugung zum Vollbau weniger geeignet, wohl aber als Furnierholz. Gerne wird es verwendet beim Brücken-, Boots-, Waggon-, Fass-, Silo-, Türen- und Fensterbau, außerdem werden aus Lärchenholz Bottiche, Vertäfelungen, Balken, Fußböden, Schiffböden, Schindeldächer, Schiffplanken, Maste, Rammpfähle für Hafenausbauten usw. hergestellt. Ihre biologischen Eigenschaften sowie der hohe Wert und die vielseitige Verwendungsmöglichkeit haben dazu geführt, dass die Lärche auf verschiedenen Standorten, vom Weinklima bis zur Baumgrenze, eingebracht wurde und vortrefflich gedeiht.

Der Volksmund sagt: „Ihr Harz ist das Gold der Bäume". Tatsächlich ist es hoch antibakteriell und heilend für Mensch und Tier. Lärchenpech wurde als Wundpflaster zum Heilen von Knochenbrüchen verwendet. Die Holzasche aus Lärchenästen wurde seit jeher innerlich und äußerlich als Heilmittel verwendet und wirkt desinfizierend, knochenstärkend, entzündungs- und pilzhemmend, reinigend und abschwellend.

Steckbrief

Wissenschaftlicher Name: *Larix decidua (europaea) Mill.*

Familie: Kieferngewächse *(Pinaceae)*

Gattung: Lärchen

Wuchshöhe: Bis 50 Meter.

Stamm: Der Stammdurchmesser dieses sommergrünen Baumes beträgt bis zu 150 Zentimeter.
Die Rinde ist in der Jugend glatt und graubraun. Im Alter ist die Borke tiefrissig und rau.
Die Krone ist stumpf und kegelförmig.

Geschlecht: Einhäusig – männliche und weibliche Blüten am selben Baum. Die Lärche wird im Freistand mit 10 bis 20 Jahren mannbar, in Gebirgslagen und im Bestandesschluss mit 30 bis 40 Jahren.

Blüte und Frucht: Männliche Blüten sind rötlich-gelb, eiförmig, kugelig angeordnet – abwärts gerichtete Kätzchen. Weibliche Blüten: aufrechte, purpurrote Zäpfchen, am Grunde von einem Nadelkranz umgeben.

Blütezeit: März bis April.

Samenreife: Oktober/November. Samen fliegt meist erst im Frühjahr aus. Er bleibt 2 bis 3 Jahre keimfähig. Die Samen sind klein und dreieckig und mit Flügeln verwachsen.

Wurzelsystem: Die Lärche hat eine tiefgehende, stark verzweigte Herzwurzel. Der Baum ist ein sturmfester Tiefwurzler.

Blätter/Nadeln: Die Nadeln sind hellgrün, weich, dünn, nicht stechend, im Kurztrieb gebüschelt. Im Herbst werden sie gelb und fallen ab. Die Lärche ist damit der einzige Nadelbaum, der im Winter alle Nadeln abwirft.

Standort: Die Lärche ist eine Lichtbaumart und ein Pionierholz. In den Alpen bis 2.500 Meter vorkommend, keimt sie bevorzugt auf Rohböden. Optimal sind frische, lockere Böden. Die Lärche braucht bewegte Luft und Licht. Sie wächst in der Jugend rasch, wird allerdings mit 20 bis 30 Jahren von der Fichte eingeholt und schließlich überwachsen.

Alter: Das Höchstalter beträgt rund 600 Jahre.

Atrogewicht: 1 Festmeter Holz FMO wiegt 625 Kilogramm.

Name: Aus dem lateinischen *larix*, was nach verschiedenen Quellen „aus Holz gewonnener Teer“ bedeutete.

Stamm einer alten Lärche.

Die Rinde ist in der Jugend glatt und graubraun. Im Alter ist die Borke dann tiefrissig und rau.

Weibliche Lärchenblüten.

Die aufrechten purpurroten Zäpfchen sind am Grunde von einem Nadelkranz umgeben.

Lärchennadeln und Lärchenzapfen.

Die Nadeln sind hellgrün, weich und nicht stechend, die kleinen Zapfen sind eiförmig und stehen aufrecht.

Reh und Lärche.

Junge Lärchen können vom Reh verbissen werden (links). Vor allem aber werden sie vom Rehbock verfegt und verschlagen (rechts).

Lärche und Auerwild.

Lärchen werden vom Auerwild nicht nur als Balzbaum angenommen, sondern vor allem im Frühjahr auch als Energiequelle genutzt.

Lärchenholz.

Es ist rotbraun mit schmalem gelblichem Splint – harzreich und zäh.

Lärchenschindeln.

Lärche wird wieder gerne als Schindelholz zum Dachdecken verwendet.

Lärchenzaun.

Beim steirischen Bundzaun werden aufgrund der längeren Haltbarkeit Lärchenäste verwendet.

Latsche

Wissenswertes

Die strauchartig wachsende Latsche ist – ähnlich wie der Almrausch – eine Charakterpflanze der Alpen. Sie kann sich selbst dort halten, wo für andere Baumarten aufgrund von Lawinenabgängen keinerlei Überleben mehr möglich ist. Mit ihrem krummen Wuchs bildet sie oft ein für den Menschen nahezu undurchdringliches Gewirr.

Großflächige Latschenfelder mit eingesprengten Lücken bieten dem Feisthirsch einen idealen und ungestörten Einstand, aber auch das Gamswild fühlt sich dort ziemlich wohl, vor allem im Sommerhalbjahr.

Die Krummholzföhre oder Legföhre – wie die Latsche auch bezeichnet wird – ist nicht nur im Gebirge anzutreffen, sie ist auch eine Leitpflanze im sogenannten Latschenmoor, welches wiederum dem Birkhuhn als Lebensraum dienen kann.

Latschenmoore sind aber auch bei den unterschiedlichsten Amphibien und Schlangen sehr beliebt. Besonders zu erwähnen sind hier die Kreuzotter und der schwarzgefärbte Alpensalamander.

Das Öl der Latschenkiefer ist ein Jahrhunderte altes Naturheilmittel. Dieses durch Destillation gewonnene Öl zeichnet sich durch seine Vielseitigkeit und medizinische Wirkung besonders aus und wurde seinerzeit in die *Pharmacopea austriaca Ed. VII* als „Oleum pini pumilionis aethericum" aufgenommen. Latschenöl wird auch heute noch gerne als Badezusatz, als Inhalationsmittel oder auch bei rheumatischen Beschwerden – äußerlich – verwendet.

Steckbrief

Andere Bezeichnungen: Latschenkiefer,
Krummholzkiefer,
Legföhre,
Knieholz,
Krüppelkiefer.

Wissenschaftlicher Name: *Pinus mugo var. pumilio*

Familie: Kieferngewächse *(pinaceae)*

Gattung: Kiefern *(pinus)*

Wuchshöhe: 1 bis 3 Meter, strauchartig.

Stamm: Die Rinde ist längsrissig, graubraun. Latschen haben einen krummen Wuchs mit niederliegenden, teilweise knieförmig aufstehenden Stämmen und Ästen. Sie bilden zum Teil undurchdringliche Flächen, die man als „Latschenfeld" bezeichnet.

Geschlecht: Einhäusig-getrenntgeschlechtlich (monözisch), das heißt, es kommen sowohl weibliche als auch männliche Blüten auf einem „Strauch" vor.

Blüte und Frucht: Die männlichen Blütenstände sind goldgelb, die weibliche Blüte ist blau-violett. Die Zapfen sind eiförmig. Die Entwicklung der Früchte erfolgt über einen Zeitraum bis zu 3 Jahren, die Zapfen bilden sich einzeln oder in kleinen Gruppen (2 bis 3) am vorderen Ende der Zweige.

Blütezeit: Juni bis Juli. Windbestäubung.

Samenreife: Sie erfolgt im 2. Jahr in den Monaten Oktober bis November. Der Samen fliegt im Frühling des 3. Jahres aus und ist 2 bis 4 Jahre keimfähig.

Wurzelsystem: Dieses ist weit ausladend, flach, ohne Pfahlwurzel. Es kann bis zu 9 Meter weit reichen.

Blätter/Nadeln: Die Nadeln sind 2 bis 7 Zentimeter lang, bis zu 2 Millimeter breit, dunkelgrün, spitz und leicht gekrümmt oder gedreht. Die Kurztriebe der Latsche sind zweinadelig. Immergrün.

Standort: Die Latsche ist in der subalpinen Krummholzzone, zwischen 1.000 Meter und 2.700 Meter Seehöhe zu finden. Sie gilt als sehr widerstandsfähig gegen Lawinen und Schneebruch und als ausgezeichneter Lawinenschutz. Das Holz ist sehr hart und harzreich. Latschen kommen in den Alpen, Pyrenäen und Karpaten vor, außerdem auf dem Balkan und in den Abruzzen.

Alter: Das Höchstalter von Latschenkiefern beträgt rund 200 bis 300 Jahre.

Name: Der Name „Legföhre" weist darauf hin, dass sich die Äste auf den Boden legen, um die harten Winter zu überstehen. „Latschen" bedeutet auf gut Österreichisch „am Boden dahin-kriechen", „dahinschleifen".

Nadeln einer Latschenkiefer.

Die dunkelgrünen Nadeln sind bis zu 7 Zentimeter lang. Sie sind leicht gekrümmt oder gedreht und stehen zu zweit an den Kurztrieben.

Latschenblüten.

Männliche Blüten sind gelb. Weibliche Blüten sind blauviolett; sie sitzen am Ende eines jungen Langtriebes.

Zapfen einer Latschenkiefer.

Die Zapfen bilden sich einzeln oder in kleinen Gruppen – 2 bis 3 Stück – am vorderen Ende der Zweige.

Latschenfeld.

Die Wildnis eines – von Freiflächen unterbrochenen – Latschenfeldes bietet so manchem Gamsbock Lebensraum.

Bewegung vorm Latschenfeld.

Dieses Bild ist in der Gamsbrunft entstanden, im November. Der Bock hat einen Widersacher entdeckt und bringt ihn nun auf Trab.

Kreuzotter.

Auch für die – giftige – Kreuzotter bietet ein Latschenfeld einen geeigneten Lebensraum.

Alpensalamander.

Und auch diesen schwarz gefärbten Gesellen findet man gern im Umfeld von Latschenfeldern.

Schwarzkiefer

Wissenswertes

Die Schwarzkiefer ist die anspruchsloseste Baumart unserer Breiten. Sie ist frosthart, sturmfest, widerstandsfähig gegenüber Hitze und Dürre sowie rauch- und abgasfest. Allerdings ist sie wärmebedürftig, daher kommt sie in höheren Lagen nicht vor.

Sie erbringt auch auf den ärmsten Böden noch ansehnliche Wuchsleistungen. So gedeiht sie beispielsweise auch noch auf den sonnenerhitzten Kalkfelsen der Thermenlinie südlich von Wien oder auf den trockenen und nährstoffarmen Schottern des Steinfeldes in Niederösterreich. Sie eignet sich damit auch gut für die Bewaldung von Schutthalden, Schotterbänken oder Stranddünen.

Auf gründigen Böden wird sie zum Pfahlwurzler; auf seichten Felsplatten bildet sie eine flache, weit ausladende Bewurzelung.

Ihr Holz, mit rötlich-braunem Kern, dem Lärchenholz ähnlich, ist sehr dauerhaft und harzreich. Das Holz findet in der Möbelerzeugung Verwendung, aber auch für Bahnschwellen.

Die Schwarzkiefer liefert das meiste und terpentinreichste Harz, weshalb sie in erster Linie geharzt worden ist. In der Gegend um Wiener Neustadt wird seit Jahrhunderten in den Schwarzkiefernwälder die Harznutzung betrieben. Neben der Köhlerei war hier nämlich die Pecherei ein wichtiger Nebenerwerb für die bäuerliche Bevölkerung.

Abschließend noch ein paar Harz-Produkte: Saupech (Kolophonium) – dieses wurde zur Enthaarung von Schlachtschweinen verwendet; Pechsalbe („Harzbalsam“); Holzteer; Terpentinöl – Imker verwenden diese Substanz als natürliche Grundlage zur Desinfektion der Waben und des Bienenstockes.

Steckbrief

Andere Bezeichnung: Schwarzföhre

Wissenschaftlicher Name: *Pinus nigra*

Familie: Kieferngewächse *(Pinaceae)*

Gattung: Kiefern *(Pinus)*

Wuchshöhe: Rund 45 Meter.

Stamm: Der Stammdurchmesser beträgt bis 180 Zentimeter.
Die Rinde ist anfangs grünlich-braun, glatt, teilweise mit rotviolettem Schimmer, später dunkelgraue bis schwarzbraune tiefrissige Borke, grob längsgefurcht, mit starken Leisten.
Der Schaft der Schwarzkiefer ist schlank und wirkt gedrungener als jener der Weißkiefer.
Die Krone ist kegelförmig; im Alter wölbt sie sich schirmförmig aus.

Geschlecht: Einhäusig – männliche und weibliche Blütenzapfen befinden sich am selben Baum.
Mannbar im Freistand mit 15 bis 20 Jahren, im Bestandesschluss erst mit 30 bis 40 Jahren.

Blüte und Frucht: Die weiblichen Blütenstände sind größer als bei der Weißkiefer, rot; die männlichen sind auch ansehnlich, aber nicht so zahlreich.
Früchte: breite, kegelförmige Zapfen, bis 80 Millimeter lang.
Die Samen sind länglich eirund, meist gleichfarbig gelblich – hellster Kiefernsamen.

Blütezeit: Mai bis Juni.

Samenreife: Im 2. Jahr reifend, größer als bei der Weißkiefer.
Samenjahre in Abständen von 2 bis 3 Jahren.

Wurzelsystem: Schwarzkiefern sind Tiefwurzler.

Blätter/Nadeln: Die Nadeln stehen zu zweit im Kurztrieb. Sie sind bis 150 Millimeter lang, sehr derb, starr, kaum gedreht, schwarzgrün. Die Spitze ist meist gelblich.
Die Nadeln verbleiben bis 6 Jahre am Baum.

Standort: Die Schwarzkiefer findet sich von Südeuropa bis Kleinasien – als inselartige Vorkommen in fünf Varietäten. Ihre Ansprüche an den Boden und an die Luftfeuchte sind gering. Sie gedeiht auch auf flachgründigen, reinen Kalkböden. Halbschattholzart.

Alter: Das Höchstalter von Schwarzkiefern beträgt 800 bis 1.000 Jahre

Atrogewicht: 1 Festmeter Schwarzkiefernholz FMO wiegt 570 Kilogramm.

Name: Der Name rührt her von der schwärzlichen Borke am ganzen Stamm – im Unterschied zur Weißkiefer, die im Kronenbereich eine rotbraune Rinde hat („Rotföhre“).

Schwarzkiefern.

Der Schaft der Schwarzkiefer ist schlank und wirkt gedrungener als jener der Weißkiefer.

Rinde der Schwarzkiefer.

Anfangs noch grünlich-braun und glatt, zeigt sich später eine schwarzbraune bis dunkelgraue tiefrissige, grob längsgefurchte Borke.

Nadeln und Zapfen.

Die Nadeln stehen zu zweit im Kurztrieb. Die meist waagrecht abstehenden breiten Zapfen sind kegelförmig.

Aussamen.

Im April des dritten Jahres fliegt der Samen aus.

Schwarzkiefernbestand in der Gegend um Wiener Neustadt.
Der Baum erbringt auch auf ärmsten Böden noch ansehnliche Wuchsleistungen – wie hier auf den sonnenerhitzten Kalkfelsen südlich von Wien.

(Weiß-)Tanne

Wissenswertes

Die Tanne ist eine wichtige Mischbaumart in Österreich. Sie macht ungefähr 2,5 Prozent Flächenanteil im österreichischen Ertragswald aus.

Tannennadeln zersetzen sich rasch und sind daher ein guter Humusbildner.

Weißtannen stehen an vorderster Stelle auf dem Speiseplan von Reh- und Rotwild. Grund dafür sind die harzlosen Knospen, die für das Wild sehr bekömmlich sind.

Das Harz ist weiß, feiner und stärker als bei der Kiefer und wurde als „Strassburger Terpentin" verkauft.

Auch das Holz ist weiß. Es wird unter anderem für Resonanzböden von tiefgestimmten Musikinstrumenten verwendet. Außerdem wird es im Erd- und Wasserbau – etwa für Wasserradschaufeln, Brunnenleitungen oder Roste – eingesetzt und findet auch Verwendung als Drechsler- und Schuhholz.

Tannenzweige werden als Schmuck-, Kranz- und Deckreisig genommen.

Das ätherische Öl der Tanne wurde früher zur Desinfektion in Krankenhäusern verwendet. Außerdem wirkt es angeblich harntreibend, durchblutungsfördernd und krampflösend.

Aus den frischen Nadeln der Tanne kann man auch Tee zubereiten, der gegen Keuchhusten, Grippe sowie Frühjahrsmüdigkeit helfen soll.

Heutige Erkenntnisse besagen, dass das ätherische Öl dieses Baumes nicht nur raumverbessernde Wirkung hat, es unterstützt auch die Lungendurchblutung und erleichtert das Atmen. Daher findet das Öl auch äußerlich Anwendung als Saunaaufguss, als Badewasserzusatz und in Duftlampen.

Steckbrief

Andere Bezeichnung: Edeltanne

Wissenschaftlicher Name: *Abies alba*

Familie: Kieferngewächse *(Pinaceae)*

Gattung: Tannen

Weltweit sind derzeit ungefähr 40 Arten der Gattung *Abies* bekannt. Sie kommen ausschließlich auf der Nordhalbkugel vor. In Europa unterscheidet man heute zwischen 7 verschiedenen Tannenarten. Die Tanne ist sehr wärmebedürftig und benötigt mindestens 3 Monate Vegetationszeit.
Die Eiszeitrefugien der Weißtanne waren auf dem Balkan und der Apennin-Halbinsel zu finden. Die Wiederbesiedelung Mitteleuropas erfolgte rund 7500 vor Christus vom Apennin aus.

Habitus: Die Tanne ist ein immergrüner Nadelbaum. In der Jugend weist sie eine eher kegelförmige Krone auf. Mit zunehmendem Alter entsteht eine storchennestartige Form.

Wuchshöhe: Rund 30 bis 55 Meter. In Ausnahmefällen werden Tannen bis zu 70 Meter hoch.

Stamm: Der Stammdurchmesser beträgt bis 200 Zentimeter. Die Rinde ist grau-weiß. Sie löst sich in eckigen Borkenschuppen vom Stamm ab.
Die Tanne ist gekennzeichnet durch geringe Abholzigkeit.

Geschlecht: Einhäusig-getrenntgeschlechtlich – sowohl männliche als auch weibliche Blüten befinden sich am selben Baum. Mit 30 bis 40 Jahren geschlechtsreif.

Blüte und Frucht: Männliche Kätzchen sind gelb. Weibliche Blüten sind hellgrün und fast nur im Wipfelbereich zu finden. Die Zapfen stehen aufrecht und sind rund 8 bis 15 Zentimeter lang.
Die Knospen sind eiförmig, hellbraun und harzlos.

Blütezeit: Mai bis Juni. Windbestäubung.

Samenreife: Tannen sind Nacktsamer. Die Samenreife erfolgt September/Oktober.
Bei der Samenfreigabe fallen Samen und Deckschuppen ab, Spindeln bleiben stehen.
Die Zapfen reifen erst im 2. Jahr.
Die Samen sind dreieckig und werden vom Wind vertragen. Sie sind terpentinhaltig.

Wurzelsystem: Tannen sind Tiefwurzler (Pfahlwurzler) mit weitläufig ausgebildeten Wurzeln. Darum sind Tannen auch eine unverzichtbare Schutzwaldbaumart.

Blätter/Nadeln: Tannen haben kurzgestielte, biegsame, ledrige, stumpfe Nadeln, 2 bis 3 Zentimeter lang. An der Unterseite haben sie zwei Wachsstreifen.
Die Nadeln bleiben rund 8 bis 11 Jahre am Zweig und werden dann gewechselt.

Standort: Kolline bis subalpine Regionen Mittel- und Südeuropas.
Die Tanne ist eine Schattenbaumart.

Alter: Das Höchstalter von Weißtannen beträgt 400 bis 500 Jahre.

Atrogewicht: Die Darrdichte beträgt 410 Kilogramm/Kubikmeter.

Name: Althochdeutsch *tanna* bedeutet „Wald".

Rinde.

Tannen haben eine grau-weiße Rinde, die sich in eckigen Borkenschuppen vom Stamm ablöst.

Knospen.

Die Knospen der Tanne sind eiförmig, hellbraun und harzlos.

Oberseite eines Tannenzweiges.

Auf der Oberseite sind die Nadeln glänzend. – Tannen haben kurzgestielte, biegsame, stumpfe Nadeln. An der Spitze sind sie oft eingekerbt.

Unterseite eines Tannenzweiges.

An der Unterseite der Nadeln finden sich zwei helle Wachsstreifen. Die Unterseite der Zweige wirkt matt.

Tannenzapfen im Frühsommer.

Die Zapfen der Tanne stehen aufrecht – anders als etwa bei der Fichte. Sie reifen im September/Oktober des Blütejahres.

Zapfenspindeln im Spätwinter.

Tannenzapfen sind Zerfallszapfen. Nach der Reife zerfallen sie, und die dünnen Zapfenspindeln bleiben am Zweig stehen.

Tannenmisteln.

Die Tanne ist Wirtspflanze für die Tannenmistel, eine Gefäßpflanze, die an den Sprossachsen parasitiert. Die Mistel gehört zu den Sandelholzgewächsen und kann bis zu 1 Meter Durchmesser erreichen. Die weißen Beeren reifen Ende November und werden gerne als Weihnachtsschmuck verwendet.

Hiebreifer Stamm mit grober und rissiger Borke.
Die Weißtanne reagiert sehr empfindlich auf Luftschadstoffe.

Tannenmeise.

Die kleinste Meise unserer Breiten hält sich bevorzugt in Nadelbäumen auf. Sie sieht wie eine verkleinerte Ausgabe der Kohlmeise aus.

Tannenholz.

Sowohl das Kern- als auch das Splintholz der Weiß-Tanne sind hell und lassen sich farblich nicht voneinander unterscheiden.

Wacholder

Wissenswertes

In Märchen und Sagen wird der Wacholder unter dem Namen „Machandelbaum“ oder „Kranewitt“ als Zauberbaum beschrieben. Seine fäulnishemmende Wirkung hat ihn zum beliebten Räuchermittel gemacht, und die Volksmedizin empfiehlt seine Beeren gegen die verschiedensten Erkrankungen. Ein Büschel Wacholder am Hut soll auf langen Wanderungen vor Müdigkeit und vor Schwindel schützen.

Die blauen Beeren wirken entzündungshemmend, und sie fördern die Verdauung. Sie enthalten neben Gerb- und Bitterstoffen wohlschmeckende ätherische Öle. Neben diesen positiven Effekten sollte man aber beim Genuss dieser Beeren vorsichtig sein, denn die Nierentätigkeit wird sehr stark angeregt, in der Schwangerschaft sollte man auf Wacholderbeeren überhaupt verzichten.

Die reifen Beerenzapfen werden nicht nur gerne von der Wacholderdrossel, sondern auch von Birk-, Schnee- und Haselhuhn gefressen.

Der Wacholder wurde früher auch in Notzeiten dem Vieh als mineralstoff- und spurenelementreiches Futter verabreicht, das auch für medizinale Erfordernisse geeignet schien.

Der Kranewittstrauch wird heute noch immer gerne für das Räuchern von Fleischwaren verwendet – sozusagen als aromatisches „Haltbarmachungsmittel“.

Ebenfalls werden die Beeren gerne als Gewürz in die Fleischsur gegeben.

Steckbrief

Andere Bezeichnungen: Alpenwacholder,
Zwergwacholder,
Kranewittstrauch,
Machandelbaum.

Wissenschaftlicher Name: *Juniperus communis L. ssp. alpina*

Familie: Zypressengewächse *(Cupressaceae)*

Gattung: Wacholder *(Juniperus)*

Auf der Nordhalbkugel findet man rund 60 Varianten.

Wuchshöhe: Rund 40 bis 70 Zentimeter hoher Zwergstrauch.

Stamm: Der Stamm ist schwarzbraun berindet und faserig.

Geschlecht: Zweihäusig (diözisch), das heißt, man findet auf einem Strauch entweder weibliche oder männliche Blüten.

Blüte und Frucht: Die männliche Blüte besteht aus Staubgefäßen, die eng zusammenstehen. Sie ist eiförmig und gelblich. Die weibliche Blüte erkennt man an 3 nebeneinanderstehenden grünen Samenknospen.
Die Beerenzapfen sind erbsengroß aus fleischig verwachsenen Schuppen.

Blütezeit: April bis Juni. Windbestäubung.

Samenreife: Die Samenreife erfolgt erst im Herbst des 2. Jahres, teilweise auch erst im 3. Jahr werden die sogenannten Beerenzapfen dunkelblau und sind bläulich bereift.

Wurzelsystem: Der Wacholder ist ein Tiefwurzler mit weitläufig ausgebildeten Wurzeln.

Blätter/Nadeln: Die Nadeln sind immergrün, 4 bis 5 Millimeter lang, kahnförmig. Sie stehen aufrecht zu dritt in sogenannten Wirteln.

Die Blattspitzen variieren von spitz bis stumpf; die Oberseite der Blätter trägt ein weißes Band; es ist doppelt so breit wie die grünen Randstreifen.

Standort: Bevorzugte Standorte des Wacholders sind felsige, trockene Böden. Er reicht bis in eine Höhe von 3.000 Meter hinauf.
Im nördlichen Europa ist er ebenso zu finden wie in Polen, Tschechien, Österreich und Deutschland, auch in der Schweiz und in der Slowakei ist dieses wohlriechende Gehölz zu Hause. Im Himalaja kann man ihn sogar bis hinauf in eine Seehöhe von 3.500 Meter finden.

Alter: Der Wacholderstrauch erreicht ein Höchstalter von bis zu 350 Jahren.

Name: „Wacholder" ist auf das althochdeutsche Wort *wechalter* bzw. *wecholter* zurückzuführen, was so viel wie „immergrün" oder auch „lebensfrisch" bedeuten soll.

Wacholderstrauch.

Der Wacholder ist ein niederliegender Zwergstrauch mit einer Wuchshöhe von bis zu 70 Zentimeter.

Knospen des Wacholders.

Der Wacholder trägt eher unscheinbare gelbe Knospen, aus denen Verzweigungen des Spross-Systems (Zweige) entstehen.

Wacholderbeeren.

Im Grunde genommen handelt es sich bei den „Beeren" um Beerenzapfen. Grün sind die (unreifen) Beeren im 1. Jahr, blaubereift sind die (reifen) Beeren erst im 2. Jahr. Auf ein und derselben Pflanze finden sich also zur selben Zeit reife und unreife Beeren.